"十三五"普通高等教育实验实训规划教材

冻土试验指导

主　编　汪恩良
副主编　王正中　戴长雷
　　　　韩红卫　刘兴超
主　审　马　巍

中国水利水电出版社
www.waterpub.com.cn
·北京·

内 容 提 要

本书是作者根据多年的冻土材料试验研究和教学工作积累的经验，遵照土工试验相关的国家标准、技术规范和规程，编写的冻土工程研究过程中常用的十二个试验。重点强化试验过程和试验方法的掌握，并简单介绍了一些冻土相关的概念。全书语言简练，内容全面，并自成体系。

本书可以作为冻土相关课程的实验课教材使用。

图书在版编目（ＣＩＰ）数据

冻土试验指导 / 汪恩良主编． -- 北京：中国水利
水电出版社，2017.8
"十三五"普通高等教育实验实训规划教材
ISBN 978-7-5170-5805-2

Ⅰ．①冻… Ⅱ．①汪… Ⅲ．①冻土－试验－高等学校
－教学参考资料 Ⅳ．①P642.14-33

中国版本图书馆CIP数据核字(2017)第213003号

书　　名	"十三五"普通高等教育实验实训规划教材 **冻土试验指导** DONGTU SHIYAN ZHIDAO
作　　者	主　编　汪恩良 副主编　王正中　戴长雷　韩红卫　刘兴超 主　审　马　巍
出版发行	中国水利水电出版社 （北京市海淀区玉渊潭南路1号D座　100038） 网址：www．waterpub．com．cn E - mail：sales@waterpub．com．cn 电话：(010) 68367658（营销中心）
经　　售	北京科水图书销售中心（零售） 电话：(010) 88383994、63202643、68545874 全国各地新华书店和相关出版物销售网点
排　　版	中国水利水电出版社微机排版中心
印　　刷	三河市鑫金马印装有限公司
规　　格	184mm×260mm　16 开本　3.5 印张　83 千字
版　　次	2017 年 8 月第 1 版　2017 年 8 月第 1 次印刷
印　　数	0001—3000 册
定　　价	**12.00 元**

前　言

　　一般情况下，把温度低于 $0℃$，且含有冰胶结体的土（岩）称为冻土。它是一种由固体颗粒、冰、液态水和气体 4 种基本成分所组成的非均质、各相异性的多相复合体。土体由融化状态变为冻结状态时，其物理力学性质发生了非常大的变化，表现出强烈的温度敏感性和流变性。

　　冻土试验可以测量冻土的基本物理力学指标，为工程建设提供设计依据。通过冻土试验，可以让学生更好地了解冻土的性能，熟悉冻土的基本性质，便于掌握冻土的基本理论知识，是高校水利类和土建类专业重要的实践性教学环节。试验的教学目的一是熟悉试验仪器设备的使用方法；二是掌握冻土基本物理力学参数的测试方法和步骤；三是提高学生的动手能力和解决问题的能力。

　　由于相关的标准、规范和规格需经常更新、修订，作为高校教材，本书尽可能遵照最新的国家标准、规范和规程，结合作者多年的冻土工程试验教学和研究工作积累的经验，重点强化试验过程和试验方法的掌握。通过试验教学训练，使学生对试验原理融会贯通，并能够做到举一反三。

　　本书共 12 个试验，由东北农业大学汪恩良教授主编，试验一、二、三、十二由汪恩良编写；试验八、十由西北农林科技大学王正中编写；试验四、七由黑龙江大学戴长雷编写；试验九、十一由东北农业大学韩红卫编写；试验五、六由东北农业大学刘兴超编写；最后由中国科学院西北生态环境资源研究院马巍主审。在编写过程中得到了中国水利水电出版社的大力帮助，并参考了书末所列文献和多位专家的科研成果，在此表示衷心感谢。限于水平，书中难免存在不足之处，敬请读者批评指正。

编　者

2017 年 4 月

目　录

试验一 冻土试样制备方法

一、试验目的

试样分为原状土试样和重塑土试样。冻土试验所用试样多为标准尺寸试样，需要对外形进行加工，本试验为冻土试样的制备提供依据。

二、基本概念

原状土是指土样取出后其颗粒、含水量、密度、胶结性和结构等物理性能保持不变的土样。

重塑土是指土样取出经重新制备后其胶结性、密度和结构等物理性能有所改变的土样。

试样是指按规定制备，用于试验测试的冻结土样。

负温原状土试样是指从冻结土结构物上取得冻结原状土，进行加工而成的冻土试样。

负温重塑土试样是指由原状土经烘干、破碎、配土、加工成型，再负温冻结而成的冻土试样。

三、仪器设备

1. 取土工具：风镐、铁锹、岩芯钻具等。

2. 储运设备：冻土集装箱（容量 0.03m³ 以上，保温防震）、冷藏运输车（温度 $-30\sim-1℃$）等。

3. 保存设施：低于 $-30℃$ 的负温冷库或冷箱。

4. 量具：台称两台（量程 10kg，感量 10g；量程 1kg，感量 0.1g），量筒（量程 100mL，分度 1mL），直角尺（200mm×200mm，分度 1mm）。

5. 破土设备：颚式碎土机或其他破土设备。

6. 成型模具：击实筒、环刀、切土盘、切土器等。

7. 其他：烘箱、保湿器、干燥器、木锤、橡皮板、玻璃缸、修土刀、钢锯、凡士林、保鲜膜、塑料袋、土样标签以及其他盛土器皿等。

四、技术要求

1. 土样基本要求

1.1 土样在冻结壁或工地现场未冻地层中采集时，每块土样尺寸不小于 250mm×250mm；在检查钻孔采集时，土样尺寸不小于 $\phi90mm×200mm$。

1.2 土样数量应满足试验项目的要求。

1.3 土样采集时必须做好原始记录并对每块土样进行编号，贴上标签。

2. 试样基本要求

2.1 规格：试样规格分别为 $\phi50mm×100mm$、$\phi61.8mm×150mm$ 和 $\phi100mm×200mm$。必须保证试样最小尺寸大于土样中最大颗粒粒径的 10 倍。

2.2 精度：外形尺寸误差小于1.0%，试样两端面平行度不得大于0.5mm。

2.3 配土：重塑土含水和粗细颗粒混合都应均匀，试样击实密度均匀。

2.4 含水量：重塑土含水量与天然含水量误差不大于1.0%，或根据用户和项目需要确定。同一组试样的含水量差值不大于1.0%。

2.5 密度：重塑土密度与天然密度误差不大于0.03g/cm³，同一组试样密度差值不大于0.03g/cm³。

五、试验步骤

1. 土样采集及接收管理

1.1 冻土样的采集和接收

1.1.1 从冻结壁或冻土墙采集的冻土块，用修土刀修成所需尺寸，并做好土性、标高、层位及数量等土样记录。

1.1.2 将土样用双层塑料袋包装密封，标上标签，并用线绳捆扎好。

1.1.3 将捆好的冻土样，用保温材料（棉絮、玻璃棉或泡沫塑料）和双层塑料袋包严。再用绳捆扎好，标上标签并附土样记录装入冻土集装箱。

1.1.4 用冷藏车负温（−15～−10℃）恒温运至试验地点。

1.1.5 试验人员根据土样记录验收土样，验收合格后在验收单上签字登记。

1.1.6 将土样按层位分别存放在−10℃以下负温恒温冷库的指定位置。

1.1.7 试验后的土样，应保存至提交试验报告后半年，如委托单位事先提出特殊要求，可协商确定。

1.2 未冻土样的采集和接收

1.2.1 从地质检查孔中取得芯样，刮去泥浆皮，或从工地现场未冻地层中取得土样，用修土刀修成所需尺寸，并做好土性、标高、层位及数量等土样记录。

1.2.2 包装按本试验步骤1.1.2规定进行。

1.2.3 将捆好的非冻土样浸入石蜡中，再次密封，标上标签并附土样记录装入土样箱，运至试验地点。

1.2.4 按本试验步骤1.1.5规定进行验收。

1.2.5 将土样按层位存放在常温试验室内。

1.2.6 试验后的土样按本试验步骤1.1.7规定进行。

2. 试样制备步骤

2.1 负温原状土试样的制备

2.1.1 在负温试验室内，小心开启原状土包装，辨别土样上下层次，用钢锯平行锯平土样两端。无特殊要求时，使试样轴向与自然沉积方向一致。用削土刀、切土盘和切土器将土块修整成形，使其符合本试验技术要求的2.1和2.2的规定，即可用于试验。

2.1.2 制备过程中，细心观察土样的情况，并记录它的层位、颜色、有无杂质、土质是否均匀和有无裂缝等。

2.2 负温重塑土试样的制备

2.2.1 在常温试验室内，小心开启土样密封层，去掉土样表皮，记录土样的颜色、土类、气味及夹杂物等，并选取有代表性土样进行天然含水量和密度的测定。

2.2.2 将土样切碎，在 105～110℃温度下恒温烘干，放入干燥器中冷却至室温。

2.2.3 将烘干、冷却的土样进行破碎（切勿破碎颗粒）。

2.2.4 根据土样天然含水量，对干土进行配水，并搅拌均匀，密封后放入保湿器内存放 24h 以上。

2.2.5 彻底清洗模具，并在模具内表面涂上一层凡士林，分次均匀将土样放入模具击实，要保证试样密度与天然密度在允许误差范围内。

2.2.6 将试样连同模具密封并在低于 −30℃温度下速冻 4～6h。

2.2.7 将试样在所需试验温度下脱模，并用修土刀修整，使其符合本试验技术要求的 2.1 和 2.2 的规定。

2.2.8 将制备好的低温重塑土试样贴上标签（标明来源、层位、重量、日期等），装入塑料袋内密封，置于所需试验温度下恒温存放，在 24～48h 内可用于试验。

六、思考题

1. 什么是原状土和非原状土？

2. 什么是负温原状土试样和负温重塑土试样？

3. 试样常用的规格有哪些？

试验二 冻土密度试验

一、试验目的

冻土密度是冻土的基本物理指标之一。它是冻土地区工程建设中计算土的冻结或融化深度、冻胀或融沉、冻土热学和力学指标、验算冻土地基强度等所需的重要指标。测定冻土的密度，关键是准确测定试样的体积。

二、试验原理

冻土密度试验在负温环境下进行。试验中对原状冻土和人工冻土测定其含水率、质量、体积等参数，采用公式计算法计算出冻土的密度。根据冻土的特点和试验条件选用浮称法、联合测定法、环刀法或充砂法。浮称法用于各类冻土；联合测定法用于砂质土和层状、网状结构的黏质冻土；环刀法用于温度高于−3℃的黏质和砂质冻土；充砂法用于表面有明显孔隙的冻土。

（一）浮 称 法

三、仪器设备

根据国家标准《土工试验方法标准》（GB/T 50123—1999）的规定，试验仪器设备主要是：

1. 天平：称量1000g，最小分度值0.1g。
2. 液体密度计：分度值为0.001g/cm³。
3. 温度计：测量范围为−30～＋20℃，分度值为0.1℃。
4. 量筒：容积为1000mL。

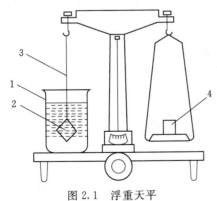

图2.1 浮重天平

1—盛液筒；2—试样；3—细线；4—砝码

5. 盛液筒：容积为1000～2000mL。

试验装置浮重天平见图2.1。

试验所用的溶液采用煤油或0℃纯水。采用煤油时，应首先用密度计法测定煤油在不同温度下的密度，并绘出密度与温度关系曲线。采用0℃纯水和试样温度较低时，应快速测定，试样表面不得发生融化。

在进行试验时，所用仪器设备必须按有关规程进行校验后方可使用。

四、试验步骤

1. 调整天平，将空的盛液筒置于天平称重一端。

2. 切取质量为 $300\sim1000g$ 的冻土试样，用细线捆紧，放入盛液筒中并悬吊在天平挂钩上称盛液筒和冻土试样质量 m_1，准确至 $0.1g$。

3. 将事先预冷至接近冻土试样温度的煤油缓慢注入盛液筒，液面宜超过试样顶面 $2cm$，并用温度计量测煤油温度，准确至 $0.1℃$。

4. 称取试样在煤油中的质量 m_2，准确至 $0.1g$。

5. 从煤油中取出冻土试样，削去表层带煤油的部分，然后按规定取样测定冻土的含水率。

五、试验结果计算

冻土密度应按下列公式计算：

$$\rho_f = \frac{m_1}{V} \tag{2.1}$$

$$V = \frac{m_1 - m_2}{\rho_{ct}} \tag{2.2}$$

式中　ρ_f——冻土密度，g/cm^3；

　　　V——冻土试样体积，cm^3；

　　　m_1——冻土试样质量，g；

　　　m_2——冻土试样在煤油中的质量，g；

　　　ρ_{ct}——试验温度下煤油的密度，g/cm^3，可由煤油密度与温度关系曲线查得。

冻土的干密度按下式计算：

$$\rho_{fd} = \frac{\rho_f}{1 + 0.01\omega} \tag{2.3}$$

式中　ρ_{fd}——冻土干密度，g/cm^3；

　　　ω——冻土含水率，%。

需要注意的是：本试验应进行不少于两组平行试验。对于整体状构造的冻土，两次测定的差值不得大于 $0.03g/cm^3$，并取两次测值的平均值；对于层状和网状构造的其他富冰冻土，宜提出两次测定值。

六、记录表格

表 2.1　　　　　　　　　　　　　冻土密度试验记录表（浮称法）

试样编号	土样描述	煤油温度/℃	煤油密度/(g/cm³)	试样质量/g	试样在油中的质量/g	试样体积/cm³	密度/(g/cm³)	平均值/(g/cm³)

（二）联　合　测　定　法

三、仪器设备

1. 排液筒（图 2.2）。

2. 台秤：称量 5000g，最小分度值 1g。

3. 量筒：容积为 1000mL，分度值 10mL。

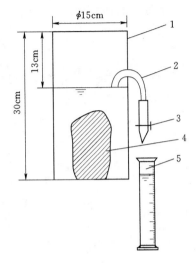

图 2.2 排液筒示意图
1—排液筒；2—虹吸管；3—止水夹；
4—冻土试样；5—量筒

四、试验步骤

1. 将排液筒置于台秤上，拧紧虹吸管止水夹。注意排液筒在台秤上的位置一次要放好，在试验过程中不得再移动。

2. 取冻土样 1000～1500g，称其质量 m，以备使用。

3. 将接近 0℃ 的清水缓缓倒入排液筒中，使水面超过虹吸管顶（大约水深 20cm 左右）。

4. 松开虹吸管的止水夹，使排液筒中水面缓慢下降，待虹吸管不再滴水，亦即排液筒中水面稳定后，关闭止水夹，称排液筒和水的重量 m_1。

5. 将已称定质量的冻土试样轻轻置入排液筒中，随即打开止水夹，使排液筒的水流入量筒中，当水流停止，关闭止水夹，立即称排液筒、土样和水三者的质量 m_2，同时记录量筒中接入的水的体积，用以校核冻土试样的体积。

6. 待冻土试样在排液筒中充分融化呈松散状态，且排液筒中水呈澄清状态，再往排液筒中补加清水，使水面超过虹吸管顶，然后松开止水夹排水，当水流停止后，关闭止水夹，再次称排液筒、土样和水的总质量 m_3。

注意在整个试验过程中应保持排液筒水面平稳，在排水和放入冻土试样时，排液筒不得发生上下剧烈晃动。

五、试验结果计算

$$\omega = \left[\frac{m(G_s-1)}{(m_3-m_1)G_s} - 1 \right] \times 100 \tag{2.4}$$

$$V = \frac{m+m_1-m_2}{\rho_w} \tag{2.5}$$

$$\rho_f = \frac{m}{V} \tag{2.6}$$

$$\rho_{fd} = \frac{\rho_f}{1+0.01\omega} \tag{2.7}$$

式中　ω——冻土的含水率，%；

V——冻土试样体积，cm³；

m——冻土试样质量，m；

m_1——冻土试样放入排液筒前的筒、水总质量，g；

m_2——放入冻土试样后的筒、水、土样总质量，g；

m_3——冻土溶解后的筒、水、土颗粒总质量，g；

ρ_w——水的密度，g/cm³；

G_s——土颗粒比重。

需要注意的是：含水率计算至 0.1％，密度计算至 0.01g/cm³。本试验应进行二次平行测定试验，取两次测值的算术平均值，并标明两次测值。

六、记录表格

表 2.2　　　　　　　　　冻土密度试验记录表（联合测定法）

试样编号	试样质量	筒加水质量 /g	筒加水加试样质量 /g	筒加水加土粒质量 /g	土粒比重	试样体积 /cm³	密度 /(g/cm³)	含水率 /％

（三）环　　刀　　法

三、仪器设备

1. 环刀：容积应大于或等于 500cm³。

2. 天平：称量 3000g，最小分度值 0.2g。

3. 其他：切土器、钢丝锯等。

四、试验步骤

1. 本试验宜在负温环境中进行。无负温环境时，必须快速进行。切样和试验过程中的试样表面不得发生融化。

2. 取原状土样，整平其两端，将环刀刃口向下放在土样上。

3. 用切土刀（或钢丝锯）将土样削成略大于环刀直径的土柱，然后将环刀垂直下压，边压边削，至土样伸出环刀为止。将两端余土削去修平，取剩余的代表性土样测定含水率。

4. 擦净环刀外壁称量，算出湿土质量，准确至 0.2g。

五、试验计算结果

$$\rho_f = \frac{m}{V} \tag{2.8}$$

$$\rho_{fd} = \frac{\rho_f}{1 + 0.01\omega} \tag{2.9}$$

式中　m——湿土质量，g；

ω——含水率，％。

结果计算至 0.01g/cm³。

需要注意的是：本试验应进行 2 次平行试验。其平行差值不应大于 0.03g/cm³。取其算术平均值。

六、记录表格

表 2.3 　　　　　　　　　　　　　　冻土密度试验记录表（环刀法）

试样编号	环刀号	湿土质量 /g	试样体积 /cm³	湿密度 /(g/cm³)	试样含水率 /%	干密度 /(g/cm³)	平均干密度 /(g/cm³)

（四）充 砂 法

三、仪器设备

1. 测筒：内径宜用 15cm，高度宜用 13cm。

2. 量砂：粒径 0.25～0.5mm 的干净标准砂。

3. 漏斗：上口直径可为 15cm，下口直径为 5cm，高度为 10cm。

4. 天平：称量 5000g，分度值 1g。

四、试验步骤

（1）测筒的容积，应按下列步骤测定：

①称量测筒的质量 m_1。

②测筒注满水，水面必须与测筒上口齐平。称量测筒和水的总质量 m_2。

③测量水温，并查取相应水温下的密度 ρ_{wt}。

（2）测筒充砂密度，应按下列步骤进行测定：

①准备不少于 5000g 的清洗干净的干燥标准砂。标准砂的温度应接近冻土试样的温度。

②用漏斗架将漏斗置于测筒上方。漏斗下口与测筒上口应保持 5～10cm 的距离。

③用薄板挡住漏斗下口，并将标准砂充满漏斗后移开挡板，使砂充入测筒。与此同时，不断向漏斗中补充标准砂，使砂面始终保持与漏斗上口齐平。在充砂过程中不得敲击或振动漏斗和测筒。

④当测筒充满标准砂后，移开漏斗，轻轻刮平砂面，使之与测筒上口齐平。在刮砂过程中不应将砂压密。称筒、砂的总质量 m_s。

（3）充砂法试验应按下列步骤进行：

①切取冻土试样。试样宜取直径为 8～10cm 的圆形或 $L \times B$(cm)：(8～10)×(8～10) 的方形。试样底面必须削平，称试样质量 m。

②将试样平面朝下放入测筒内。试样底面与测筒底面必须接触紧密。用标准砂充填冻土试样与筒壁之间的空隙和试样顶面。充砂和刮平砂面应按测筒充砂密度的第 2、3 步骤进行。

③称量筒、试样和充砂的总质量 m_4。

五、试验计算结果

$$V_0 = \frac{m_2 - m_1}{\rho_{wt}} \tag{2.10}$$

$$\rho_s = \frac{m_s - m_1}{V_0} \tag{2.11}$$

$$\rho_f = \frac{m}{V} \tag{2.12}$$

$$V = V_0 - \frac{m_4 - m_1 - m}{\rho_s} \tag{2.13}$$

式中　V_0——测筒的容积，cm^3；

　　　m——冻土试样质量，g；

　　　m_1——测筒质量，g；

　　　m_2——筒、水总质量，g；

　　　ρ_{wt}——不同温度下水的密度，g/cm^3；

　　　ρ_s——充砂密度，g/cm^3；

　　　m_s——测筒、砂的总质量，g；

　　　V——冻土试样的体积，cm^3；

　　　m_4——测筒、试样和量砂的总质量，g。

需要注意的是：测筒的容积应进行 3 次平行测定，并取 3 次测定值的算术平均值，各次测定结果之差不应大于 3mL；充砂密度应重复测定 3～4 次，并取其测值的算术平均值，各次测值之差应小于 0.02g/cm³；充砂法试验应重复进行两次，并取其两次测值的算术平均值，两次测值的差值应不大于 0.03g/cm³。

六、记录表格

表 2.4　　　　　　　　　　　**冻土密度试验记录表（充砂法）**

试样编号	测筒质量	试样质量/g	测筒加试样加量砂质量/g	量砂质量/g	量砂密度/(g/cm³)	测筒容积/cm³	试样体积/cm³	冻土密度/(g/cm³)

七、思考题

1. 冻土密度试验的关键是什么？

2. 冻土密度试验的测定方法有哪些？

3. 冻土密度试验的测定方法分别适用哪些情况？

4. 各试验方法结果处理应注意哪些事项？

试验三　冻土冻结温度试验

一、试验目的

土的冻结是以土中孔隙水结晶为表征的。冻结温度是判别土是否处于冻结状态的指标。纯水的结冰温度为0℃，土中水分由于受到土颗粒表面能的束缚且含有化学物质，其冻结温度均低于0℃，土的冻结温度主要取决于土颗粒的分散度、土中水的化学成分和外加载荷。本试验的目的是掌握测定土体的冻结温度的方法，了解土冻结过程中的温度特征。

二、试验原理

纯净的水在0℃冻结。有人将蒸馏水置于清洁的容器中，冷却到摄氏零度以下几度，但仍处于液态。现在发现最低过冷水的温度可达-5℃。可是将这种过冷温度的水稍微震动一下，立刻出现冰晶。水的这种超过相变温度而不发生相变的现象，称为水的过冷现象。

根据 A·Π·波仁诺娃的试验资料表明，各种土的冻结和融化过程，其温度特征都可以分成五个阶段，砂土、膨润土的冷却-冻结曲线如图3.1和图3.2所示。

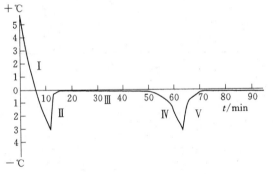

图3.1　砂土的冷却-冻结曲线
（砂的含水量$\omega = 19.6\%$，冷冻剂温度为-10℃）

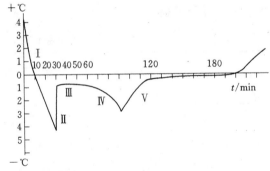

图3.2　膨润土（细黏土）的冷却-冻结曲线
（膨润土的含水量$\omega = 80.5\%$，冷冻剂温度为-10℃）

图3.1和图3.2中：

Ⅰ——冷却与过冷阶段。这阶段土体在外界负温环境里逐渐冷却，并处于过冷状态。

Ⅱ——温度突变阶段。此时冰结晶形成，水发生相变，放出潜热，温度跳跃上升到土中水冻结温度。

Ⅲ——水结晶阶段。此阶段温度稳定并等于土中水冻结温度，出现土中水结晶时相幕（零度幕）现象。由于砂土颗粒直径大，表面能小，土中水基本上为自由水，因此冻结温度十分稳定，并接近0℃。此阶段外界冷量与土中水冻结时放出的潜热相平衡，一直延续到砂土中水分几乎全部冻结为止。

Ⅳ——进一步冷却阶段。对于黏性土来讲，土中水除自由水外，还有吸着水、薄膜水的结晶需要更低的温度，随着薄膜厚度的减薄，受到矿物颗粒分子引力增大，所以冻结温度越低，在冻结曲线上由Ⅲ过渡到Ⅳ。

Ⅴ——环境温度升高时的融化阶段。此阶段前一部分由于土温度提高，部分冰融化，为此要吸收相变热。所以这时土温相对稳定。当土中冰全部融化后，土温开始明显上升。

试验表明，土中水在过冷以后，只要一开始结晶，由于释放潜热，土温就迅速上升，达到某一温度时就稳定下来，这时发生土孔隙中水的冻结过程。这一稳定温度称为起始冻结温度。

三、仪器设备

仪器设备包括土工冻胀试验箱（图3.3）、试样杯、切土刀、温度传感器、数据采集仪等。

1. 土工冻胀试验箱：−30～50℃，为试验提供恒定的低温环境。

图 3.3 土工冻胀试验箱

2. 温度传感器：热敏电阻温度传感器，精度为 0.01℃。

3. 试样杯：直径 6cm，高 4cm。

四、试验步骤

1. 原状土试验步骤

（1）土样应按自然沉积方向放置。剥去蜡封和胶带，开启土样筒取出土样。

（2）试样杯内壁涂一薄层凡士林，杯口向下放在土样上。将试样杯垂直下压，并用切土刀沿杯外壁切削土样。边压边削至土样达到试样杯高度，用钢丝锯整平杯口，擦净外壁，并取余土测定含水率。

（3）将热敏电阻测温端插入试样中心。

（4）试样杯周侧包裹 5cm 厚的泡沫塑料保温，将其放入土工冻胀试验箱。

（5）调节土工冻胀试验箱箱体温度为 −3℃，保持恒温。

（6）开启数据采集仪，对数据进行采集，当温度突然跳跃并连续 3 次稳定在某一数值（相应的温度即为冻结温度），试验结束。

2. 扰动冻土试验步骤

（1）称取风干土样 200g，平铺于搪瓷盘内，按所需的加水量将纯水均匀喷洒在土样上，充分拌匀后装入盛土器内盖紧，润湿 24h（砂质土的润湿时间可酌减）。

（2）将制配好的土样装入试样杯中，以装实装满为止。杯口加盖。将热电偶测温端插入试样中心。杯盖周侧用硝基漆密封。

（3）按本试验原状土试验的步骤（3）～（6）进行试验。

五、试验结果计算

通过数据处理，可以得到土体冻结温度曲线，如图 3.4 所示。

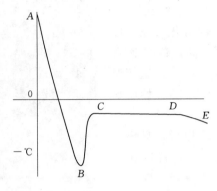

图 3.4　土体冻结温度曲线

根据曲线中温度跳跃的特征，得到跳跃后最高且稳定点的温度即为土壤的起始冻结温度，即图 3.4 中 C 点对应的温度。

六、思考题

1. 什么是水的过冷现象？

2. 土冻结的温度特征可以分为几个阶段？

3. 什么是土的起始冻结温度？

试验四 未冻含水率试验

一、试验目的

未冻含水率是冻土物理力学性质变化的主导因子之一。本试验的目的是测定试样在不同初始含水率状态时的冻结温度，推算未冻含水率。

二、试验原理

将相对含冰量和未冻含水率两个指标进行联合测定，从总的含水率中减去测定的含冰量，即可得到未冻含水率。

测定的方法有许多种，诸如量热法、微波法、核磁共振法等。它们分别以热量平衡、微波吸收和核磁共振等原理为依据。量热法是一种经典的方法，其试验原理明确，具有一定的准确度，但操作及计算较繁琐；其他方法大都需要复杂而昂贵的仪器，一般单位难以采用。

本试验采用的方法是依据未冻含水率与负温为指数函数的规律，通过测定不同初始含水率的冻结温度（冰点），利用双对数关系计算出未冻含水率的两点法。该法能满足试验准确度的要求。

三、仪器设备

仪器设备包括零温瓶、低温瓶、测温设备、塑料管及试样杯等，如图4.1所示。

1. 零温瓶：容积为3.57L，内盛冰水混合物［其温度应为（0±0.1）℃］。

2. 低温瓶：容积为3.57L，内盛低融冰晶混合物，其温度宜为－7.6℃。

3. 测温设备：由热电偶和数字电压表组成。热电偶宜用直径0.02mm的铜和康铜线材制成。数字电压表：量程2mV，分度值为1μV。

4. 塑料管：内径5cm、壁厚5mm、长25cm的硬质聚氯乙烯管。管底应密封，管内装5cm高干砂。

5. 试样杯：用黄铜制成，直径3.5cm，高5cm，带有杯盖。

6. 用于配制低融冰晶混合物的氯化钠、氯化钙、切土刀等。

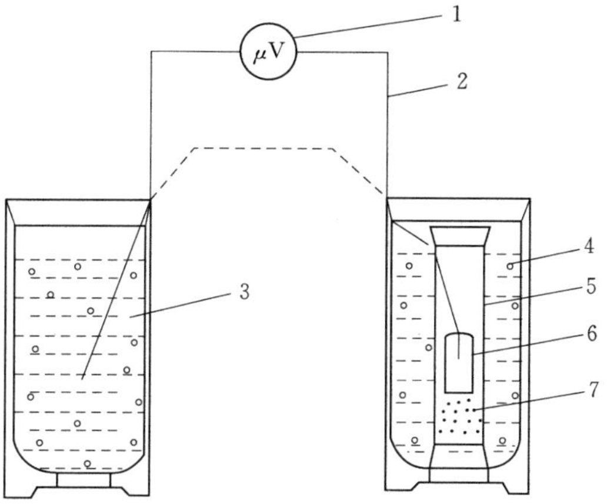

图4.1 冻结温度试验装置示意图
1—数字电压表；2—热电偶；3—零温瓶；4—低温瓶；
5—塑料管；6—试样杯；7—干砂

四、试验步骤

1. 称取风干土样600g，平均分成三份，分别平铺于搪瓷盘内，其中1个试样按所需的加水量制备,另 2 个试样应分别采用试样的液限和塑限作为初始含水率,并分别测定在该两个界限含水率时的冻结温度。

需要注意的是:液限为 10mm 液限。

2. 将制配好的土样装入试样杯中,以装实装满为止。杯口加盖。将热电偶测温端插入试样中心。杯盖周侧用硝基漆密封。

3. 将热电偶的测温端插入试样中心,杯盖周侧用硝基漆密封。

4. 零温瓶内装入用纯水制成的冰块,冰块直径应小于 2cm,再倒入纯水,使水面与冰块面相平,然后插入热电偶零温端。

5. 低温瓶内装入用浓度 2mol/L 氯化钠等溶液制成的盐冰块,其直径应小于 2cm,再倒入相同浓度的氯化物溶液,使之与冰块面相平。

6. 将封好底且内装 5cm 高干砂的塑料管插入低温瓶内,再把试样杯放入塑料管内。然后,塑料管口和低温瓶口分别用橡皮塞和瓶盖密封。

7. 将热电偶测定端与数字电压表相连,每分钟测量一次热电势,当电势值突然减小并连续 3 次稳定在某一数值(相应的温度即为冻结温度),试验结束。

五、试验结果计算

$$\omega_n = A T_f^{-B} \tag{4.1}$$

$$A = \omega_L T_L^{B} \tag{4.2}$$

$$B = \frac{\ln\omega_L - \ln\omega_P}{\ln T_P - \ln T_L} \tag{4.3}$$

式中　ω_n——未冻含水率,%;

$\quad\quad\ \omega_L$——液限,%;

$\quad\quad\ \omega_P$——塑限,%;

$\ A$、B——与土的性质有关的常数;

$\quad\quad\ T_f$——冻结温度(冰点)绝对值,℃;

$\quad\quad\ T_L$——液限试样的冻结温度绝对值,℃;

$\quad\quad\ T_P$——塑限试样的冻结温度绝对值,℃。

六、记录表格

表 4.1　　　　　　　　　　　未冻含水率试验记录表

热电偶编号:＿＿＿＿＿＿　　热电偶系数:＿＿＿＿＿＿℃/μV　　液限:＿＿＿＿　塑限:＿＿＿＿

序号	历时 /min	电压表示值 /mV	实际温度 /℃	备注

试验五 冻 土 导 热 系 数 试 验

一、试验目的

导热系数是表示土体导热能力的指标。本试验的目的是用稳态比较法测定冻土的导热系数。

二、试验原理

冻土导热系数是在单位厚土层，其层面温度相差1℃时，单位时间内在单位面积上通过的热量，它表示土体导热能力的指标。

导热系数的测定方法分两大类：稳态法和非稳态法。稳态法测定时间较长，但试验结果的重复性较好；非稳态法具有快速特点，但结果重复性较差。因此，本试验采用稳态法。稳态法中，通常使用热流计法，但国产热流计的性能欠佳，故采用比较法，采用导热系数稳定的物质作为标准试样。

（一） 传 统 方 法 测 定

三、仪器设备

主要试验装置由恒热系统、测温系统和试样盒组成（图 5.1）。

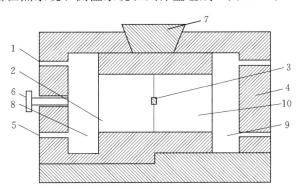

图 5.1 导热系数试验装置示意图

1—冷浴循环液出口；2—试样盒；3—热电偶测温端；4—保温材料；
5—冷浴循环液进口；6—夹紧螺杆；7—保温盖；8——10℃恒
温箱；9——25℃恒温箱；10—石蜡盒

1. 恒温系统：由两个尺寸为 $L \times B \times H$(cm)：$50 \times 20 \times 50$ 的恒温箱和两台低温循环冷浴组成。恒温箱与试样盒接触面应采用5mm厚的平整铜板。两个恒温箱分别提供两个不同的负温环境（−10℃和−25℃）。恒温准确度应为±0.1℃。

2. 测温系统：由热电偶、零温瓶和量程为 2mV、分度值 $1\mu V$ 的数字电压表组成。

3. 试样盒：2 只，其外形尺寸均为 $L \times B \times H$（cm）：$25 \times 25 \times 25$，盒面的两侧为厚 5mm 的平整铜板。试样盒的另两侧、底面和上端盒盖应采用尺寸为 $25cm \times 25cm$，厚 3mm 的胶木板。

四、试验步骤

1. 将风干试样平铺在搪瓷盘内，按所需的含水率和土样制备要求制备土样。

2. 将制配好的土样按要求的密度装入一个试样盒，盖上盒盖。装土时，将两支热电偶的测温端安装在试样两侧铜板内壁的中心位置。

3. 另一个试样盒装入石蜡，作为标准试样。装石蜡时，按步骤 2 要求安装两支热电偶。

4. 将分别装好石蜡和试样的两个试样盒按图 5.1 的方式安装好，驱动夹紧螺杆使试样盒和恒温箱的各铜板面接触紧密。

5. 接通测温系统。

6. 开动两个低温循环冷浴，分别设定冷浴循环液温度为 $-10℃$ 和 $-25℃$。

7. 冷浴循环液达到要求温度再运行 8h 后，开始测温。每隔 10min 分别测定一次标准试样和冻土试样两侧壁面的温度，并记录。当各点的温度连续 3 次测得的差值小于 $0.1℃$ 时，试验结束。

8. 取出冻土试样，测定其含水率和密度。

五、试验结果处理

导热系数应按下式计算：

$$\lambda = \frac{\lambda_0 \Delta\theta_0}{\Delta\theta} \tag{5.1}$$

式中　λ——冻土导热系数，$W/(m \cdot K)$；

　　　λ_0——石蜡的导热系数，$0.279W/(m \cdot K)$；

　　　$\Delta\theta_0$——石蜡样品盒内两壁面温差，℃；

　　　$\Delta\theta$——待测试样盒两壁面温差，℃。

六、记录表格

表 5.1　　　　　　　　　　传统方法测冻土导热系数试验记录表

含水率：_____%　　试样密度：_____g/cm^3　　石蜡导热系数：$0.279W/(m \cdot K)$

序号	历时 /min	石蜡温差 /℃	试件温差 /℃	导热系数 /[W/(m·K)]	备注

（二）便携式导热系数测定仪测定

三、仪器设备

主要设备为便携式导热系数测定仪（图5.2），由主机、平板式传感器、针式传感器、打孔针、充电器组成。

图5.2　便携式导热系数测定仪

四、试验步骤

1. 试验在负温条件下进行。

2. 制备试验所用冻土试样，要求直径不小于60mm，最小厚度取决于其扩散率（导电性），从20～40mm的范围，表面一定要平整。

3. 将平板式传感器与主机连接。

4. 将平板式传感器放在冻土表面，保证传感器与冻土紧密接触。

5. 打开主机，选择传感器量程，设置测量次数。

6. 测量结束，记录数据，求平均值。

五、记录表格

表5.2　　　　　　　　　　　直接法测冻土导热系数试验记录表

序　　号	导热系数 /[W/(m・K)]	容积热容量 /[J/(m³・K)]	热扩散系数 /[m²/s]

七、思考题

1. 什么是冻土的导热系数？

2. 导热系数的测定方法有哪些？各有什么优缺点？

试验六　冻　胀　量　试　验

一、试验目的

土体在冻结过程中的冻胀变形量即为冻胀量。土体不均匀冻胀变形是寒区工程大量破坏的重要因素之一。因此，各项工程开展之前，必须对工程所在地区的土体作出冻胀性评价，以便采取相应措施，确保工程构筑物的安全可靠。本试验的目的是测定土冻结过程的冻胀量，从而计算表征土冻胀性的冻胀率。

二、试验原理

土体冻胀变形的基本特征值是冻胀量。但由于各地冻结深度等条件不同，其冻胀量值相差很大。为了便于比较冻胀变形的强弱，因此，采用冻胀量与该冻结土层厚度之比，即冻胀率（用百分数计）作为土体冻胀性的特征值。

三、仪器设备

主要仪器为土工冻胀试验箱（图 6.1），由模具、试验箱、控温系统、补水/排水系统、温度测试系统、位移测试系统组成。

（a）实物图

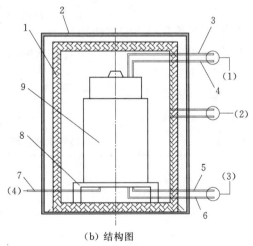
（b）结构图

图 6.1　土工冻胀试验箱

1—试验箱；2—加载系统框架；3—顶板循环液入口；4—顶板循环液出口；

5—底板循环液入口；6—底板循环液出口；7—排水/补水管；8—模具支架；

9. 模具；（1）—顶板制冷控温系统；（2）—试验箱制冷控温系统；

（3）—底板制冷控温系统；（4）—排水/补水系统

模具主要由筒壁、顶板、底板组成（图 6.2）。筒壁由导热不良的非金属材料（如有机玻璃）制成，内径为 100mm，高度为 200mm。筒壁上每隔 20mm 设有温度传感器插入

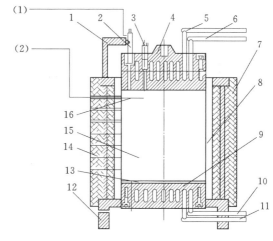

（a）实物图 （b）结构图

图 6.2 模具

1—支架；2—位移传感器；3—排气阀；4—顶板；5—顶板循环液入口；6—顶板循环
液出口；7—保温材料；8—筒壁；9—底板；10—底板循环液入口；11—底板
循环液出口；12—补水/排水管；13—滤板；14—传感器插孔；15—试样；
16—温度传感器；（1）—位移测试系统；（2）—温度测试系统

孔。顶板和底板由导热良好的金属材料（如合金铝）制成，为圆形平板，内部设有循环液
流通槽，循环液流通槽的设计必须达到使板面温度均匀的要求。顶底板的外径均为
100mm，高度根据循环液流通槽尺寸确定，与筒壁配套使用，分别放置在试样顶部和底
部。底板提供外界水源补给或排水通道，顶板提供排气通道。顶、底板分别与制冷控温系
统相连。制冷控温系统由循环液储蓄槽、小型压缩机、加热丝、温控器组成，小型压缩机
对循环液进行冷却、加热丝对循环液进行加热，循环液在储蓄槽和顶、底板循环液流通槽
中流动，顶、底板和试样之间发生热交换，顶底板表面和储蓄槽内部都布设温度传感器，
温控器与温度传感器、压缩机、加热丝相连，温控器根据温度传感器反馈回来的温度信息
进行内部运算后决定压缩机或加热丝的启停，从而进行温度控制。

　　试验箱由保温材料制成，其内部结构如图 6.3 所示，容积不小于 $0.8m^3$。箱内设置散
热器、风扇、加热器、温度传感器，箱外设置制冷控温系统和二级温控器。散热器内设有
循环液流通管，并与制冷控温系统相连，其控温原理与上述试样筒顶、底板的控温原理相
同，只不过这里是散热器与箱内空气之间进行热交换。由于试验箱内的空间较大，要使其
内部形成均匀稳定的温度场，需要进行二级控温。二级控温器与加热器以及箱内的温度传
感器相连，进行温度微调，当箱内温度低于要求的目标温度时，加热器工作，当箱内温度
等于或高于目标温度时，加热器停止工作。风扇设置在散热器和加热器的后面，吹动箱内
空气，加速散热器以及加热器与箱内空气的热交换。补水/排水系统主要包括马廖特瓶和
导水管，马廖特瓶通过导水管与底板相连。试验过程中定时记录水位，以确定补水量。

　　位移测试系统由位移传感器（量程 50mm，精度 0.01mm）、数据采集仪、计算机以

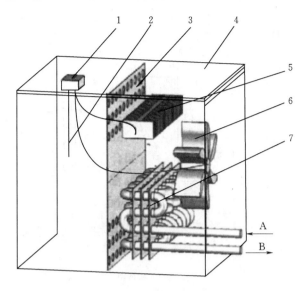

图 6.3 试验箱内部结构示意图

1—二级温控器；2—温度传感器；3—隔板；4—试验箱；
5—加热器；6—风扇；7—散热器；
A—循环液入口；B—循环液出口

及相关的软件组成。位移传感器布设在顶板上方，可测试试验过程中土样的轴向变形量。

四、试验步骤

原状土试验：

1. 土样应按自然沉积方向放置，剥去蜡封和胶带，开启土样筒取出土样。

2. 用土样切削器将原状土样削成直径为 10cm、高为 10cm 的试样，称量确定密度并取余土测定初始含水率。

3. 在有机玻璃试样盒内壁涂上一薄层凡士林，放在底板上，盒内放一张薄型滤纸，然后将试样装入盒内，让其自由滑落在底板上。

4. 在试样顶面上放一张薄型滤纸，然后放上顶板，并稍稍加力，以使试样与顶、底板接触紧密。

5. 将盛有试样的试样盒放入恒温箱内，试样周侧、顶、底板内插入热敏电阻温度计、试样周侧包裹 5cm 厚的泡沫塑料保温。连接顶、底板冷液循环管路及底板补水管路，供水并排除底板内气泡，调节供水装置水位（若考虑无水源补充状态，可切断供水）。安装百分表或位移传感器。

6. 若需模拟原状土天然受力状态，可施加相应的荷载。

7. 开启恒温箱、试样顶、底板冷浴，设定恒温箱冷浴温度为 −15℃，箱内温度为 1℃；顶、底板冷浴温度为 1℃。

8. 试样恒温 6h，并监测温度和变形。待试样初始温度均匀达到 1℃ 以后，开始试验。

9. 底板温度调节到 −15℃ 并持续 0.5h，让试样迅速从底面冻结，然后将底板温度调节到 −2℃。黏质土以 0.3℃/h，砂质土以 0.2℃/h 速度下降。保持箱温和顶板温度均为 1℃，记录初始水位。每隔 1h 记录水位、温度和变形量各 1 次。试验持续 72h。

10. 试验结束后，迅速从试样盒中取出试样，量测试样高度并测定冻结深度。

扰动土试验：

1. 称取风干土样 500g，加纯水拌和呈稀泥浆，装入内径为 10cm 的有机玻璃筒内，加压固结，直至达到所需初始含水率要求后，将土样从有机玻璃筒中推出，并将土样高度切削到 5cm。

2. 继续按上述 3～10 的步骤进行试验。

五、试验结果计算

冻胀率应按下式计算：

$$\eta = \frac{\Delta h}{H_f} \times 100 \tag{6.1}$$

式中　η——冻胀率,%；

　　Δh——试验期间总冻胀量，mm；

　　H_f——冻结深度（不包括冻胀量），mm。

六、记录表格

表 6.1　　　　　　　　　　　　　冻 胀 量 试 验 记 录 表

试样含水率：_____％　　试样密度：_____g/m³

序号	时间/h	温度传感器读数/℃					变形量/mm

七、思考题

1. 本试验的主要目的及原理是什么？

2. 什么是土的冻胀率？

3. 阐述本试验有哪些主要试验步骤。

试验七　冻土融化压缩试验

一、试验目的

冻土融化时在荷载作用下将同时发生融化下沉和压密。在单向融化条件下，这种沉降符合一维沉降。融化下沉是在土体自重作用下发生的，而压缩沉降则与外部压力有关。本试验的目的是测定冻土融化过程中的相对下沉量（融沉系数）和融沉后的变形与压力关系（融化压缩系数），供冻土地基的融化和压缩沉降计算用。

二、试验原理

融沉系数是冻土融化过程中在自重作用下的相对下沉量。冻土融化后在外荷作用下所产生的压缩变形称为融化压缩。融化压缩系数是单位荷载下的孔隙比变化量。目前国内外在进行冻土融化压缩试验时首先是在微小压力下测出冻土融化后的沉降量，计算冻土的融沉系数，然后分级施加荷载测定各级荷载下的压缩沉降，并取某压力范围计算融化压缩系数。由此可以计算冻土融化压缩的总沉降量。本试验分为室内融化压缩试验和现场原位冻土融化压缩试验两种。室内融化压缩试验适用于冻结黏土和粒径小于 2mm 的冻结砂土；现场冻土融化压缩试验适用于除漂石以外的各类冻土。

（一）室内冻土融化压缩试验

三、仪器设备

1. 融化压缩仪（图 7.1）：加热传压板应采用导热性能好的金属材料制成；试样环应采用有机玻璃或其他导热性低的非金属材料制成，其尺寸宜为：内径 79.8mm，高 40.0mm；保温外套可用聚苯乙烯或聚氨酯泡沫塑料。

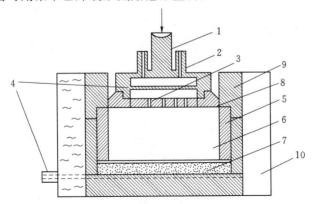

图 7.1　融化压缩仪示意图

1—加热传压板；2—热循环水进、出口；3—透水板；4—上、下排水孔；5—试样环；
6—试样；7—透水板；8—滤纸；9—导环；10—保温外套

2. 加荷设备：可采用量程为 2000kPa 的杠杆式、磅秤式和其他相同量程的加荷设备。

3. 变形测量设备：量程为 10mm，分度值为 0.01mm 的百分表或准确度为全量程 0.2% 的位移传感器。

4. 恒温供水设备。

5. 原状冻土钻样器：钻样器宜由钻架和钻具两部分组成。钻具开口内径为 79.8mm。钻样时将试样环套入钻具内，环外壁与钻具内壁应吻合平滑。

四、试验要求

试验宜在负温环境下进行，严禁在切样和装样过程中使试样表面发生融化。试验过程中试样应满足自上而下单向融化。

五、试验步骤

1. 用冻土钻样器钻取冻土试样，其高度应大于试样环高度。从钻样剩余的冻土取样测定含水率。钻样时必须保持试样的层面与原状土一致，且不得上下倒置。

2. 将冻土样装入试样环，使之与环壁紧密接触。刮平上、下面，但不得造成试样表面发生融化。测定冻土试样的密度。

3. 在融化压缩容器内先放透水板，其上放一张润湿滤纸。将装有试样的试样环放在滤纸上，套上护环。在试样上放滤纸和透水板，再放上加热传压板。然后装上保温外套。放置融化压缩容器位于加压框架正中。安装百分表或位移传感器。

4. 施加 1kPa 的压力，调平加压杠杆。调整百分表或位移传感器到零位。

5. 用胶管连接加热传压板的热循环水进出口与事先装有温度为 40～50℃ 水的恒温水槽，并打开开关和开动恒温器，以保持水温。

6. 试样开始融沉时即开动秒表，分别记录 1min、2min、5min、10min、30min、60min 时的变形量。以后每 2h 观测记录 1 次，直至变形量在 2h 内小于 0.05mm 时为止，并测记最后一次变形量。

7. 融沉稳定后，停止热水循环，并开始加荷进行压缩试验。加荷等级视实际工程需要确定，宜取 50kPa、100kPa、200kPa、400kPa、800kPa，最后一级荷载应比土层的计算压力大 100～200kPa。

8. 施加每级荷载后 24h 为稳定标准，并测记相应的压缩量。直至施加最后一级荷载压缩稳定为止。

9. 试验结束后，迅速拆卸仪器各部件，取出试样，测定含水率。

六、试验结果计算

融沉系数应按下式计算：

$$a_0 = \frac{\Delta h_0}{h_0} \times 100 \tag{7.1}$$

式中　a_0——冻土融沉系数，%；

Δh_0——冻土融化下沉量，cm；

h_0——冻土试样初始高度，cm。

冻土试样初始空隙比按下式计算：

$$e_0 = \frac{\rho_w G_s (1 + 0.01\omega)}{\rho_0} - 1 \qquad (7.2)$$

式中　e_0——试样初始孔隙比；

　　　ρ_w——水的密度，g/m^3；

　　　ρ_0——水的初始密度，g/m^3；

　　　G_s——土粒比重；

　　　ω——试样含水率，%。

融沉稳定后和各级压力下压缩稳定后的孔隙比应按下式计算：

$$e = e_0 - (h_0 - \Delta h_0)\frac{1 + e_0}{h_0} \qquad (7.3)$$

$$e_i = e - (h - \Delta h)\frac{1 + e}{h} \qquad (7.4)$$

式中　e、e_0——融沉稳定后和压力作用下压缩稳定后的孔隙比；

　　　h、h_0——融沉稳定后和初始试样高度，cm；

　　Δh、Δh_0——压力作用下稳定后的下沉量和融沉下沉量，cm。

某一压力范围内的冻土融化压缩系数应按下式计算：

$$a = \frac{e_i - e_{i+1}}{p_{i+1} - p_i} \qquad (7.5)$$

式中　a——某一压力范围内的融化压缩系数，MPa^{-1}；

　p_{i+1}、p_i——分级压力值，kPa；

　e_{i+1}、e_i——与分级压力相应的空隙比。

绘出孔隙比与压力的关系曲线，如图7.2所示。

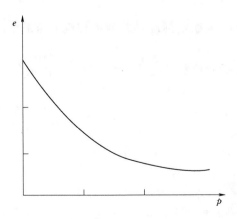

图 7.2　孔隙比与压力关系曲线

七、记录表格

表 7.1　　　　　　　　　　冻土融化压缩试验记录表

融沉后试样高度 h：_____ cm　　融沉后试样孔隙比 e：_____

加压历时 /(h，min)	压力 /kPa	试样总变形量 /mm	压缩后试样高度 /mm	空隙比	融化压缩系数 /MPa^{-1}
t	p	$\sum \Delta h_i$	$h = h_0 - \sum \Delta h_i$	$e_i = e - \dfrac{\sum \Delta h_i(1+e)}{h}$	a

（二）现场原位冻土融化压缩试验

三、仪器设备

1. 内热式传压钢板。传压板可取圆形或方形，中空式平板。应有足够刚度，承受上部荷载时不发生变形，面积不宜小于 5000cm^2。

2. 加热系统：传压板加热可用电热或水（汽）热，加热应均匀，加热温度不应超过 90℃。

传压板周围应形成一定的融化圈，其宽度宜等于或大于传压板直径的 0.3 倍。

加热系统应根据上述加热方式和要求确定。

3. 加荷系统：传压板加荷可通过传压杆自设在坑顶上的加荷装置实现。加荷方式可用千斤顶或压块。当冻土的总含水率超过液限时，加荷装置的压重应等于或小于传压板底面高程处的原始压力。

4. 沉降测量系统：沉降测量可采用百分表或位移传感器。测量准确度应为 0.01mm。

5. 温度测量系统：温度测量系统可由热电偶及数字电压表组成，测量准确度为 0.1℃。

如图 7.3 所示。

四、试验要求

1. 本试验应在现场试坑内进行。试坑深度不应小于季节融化深度，对于非衔接的多年冻土应等于或超过多年冻土层的上限深度。试坑底面积不应小于 2m×2m。

2. 试验前应进行冻结土层的岩性和冷生构造的描述，并取样进行其物理性试验。

五、试验步骤

1. 试验前应按以下步骤进行试验准备和仪器设备的安装。

1.1　仔细开挖试坑，整平坑底面，不得破坏基土。必要时应进行坑壁保护。

1.2　在传压板的边侧打钻孔，孔径 3～5cm，孔深宜为 50cm。将五支热电偶测温端自下而上每隔 10cm 逐个放入孔内，并用黏土填实钻孔。

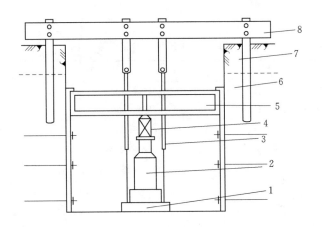

图 7.3　现场原位冻土融化压缩试验示意图

1—热压模板；2—千斤顶；3—变位测针；4—压力传感器；
5—反压横梁；6—冻土；7—融土；8—测量支架

1.3　坑底面铺砂找平。铺砂厚度不应大于 2cm。

1.4　将传压板放置在坑底中央砂面上。

1.5　安装加荷装置，应使加荷点处于传压板中心部位。

1.6　在传压板周边等距安装 3 个沉降位移计。

1.7　接通加热、测温系统，并进行安全和安装可靠性检查后，向传压板施加等于该处上部原始土层的压力（不小于 50kPa），直至传压板沉降稳定后，调整位移计至零读数，做好记录。

2. 试验按以下步骤进行。

2.1　施加等于原始土层的上覆压力（包括加荷设备）。接通电源，使传压板下和周围冻土缓慢均匀融化。每隔 1h 测记一次土温和位移。

2.2　当融化深度达到 25～30cm 时，切断电源停止加热。用钢钎探测一次融化深度，并继续测记土温和位移。当融化深度接近 40cm（0.5 倍传压板直径）时，每 15min 测记一次融化深度。当 0℃温度达到 40cm 时测记位移量，并用钢钎测记一次融化深度。

2.3　当停止加热后，依靠余热不能使传压板下的冻土继续融化达到 0.5 倍传压板直径的深度时，应继续补热，直至满足这一要求。

2.4　经上述步骤达到融沉稳定后，开始逐级加荷进行压缩试验。加荷等级视实际工程需要确定，对黏土宜取 50kPa，砂土宜取 75kPa，含巨粒土宜取 100kPa，最后一级荷载应比上层的计算压力大 100～200kPa。

2.5　施加一级荷载后，每 10min、20min、30min、60min 测记一次位移计示值，此后每 1h 测记一次，直至传压板沉降稳定后再加下一级荷载。沉降量可取 3 个位移计该数的平均值。沉降稳定标准对黏土宜取 0.05mm/h，砂和含巨粒土宜取 0.1mm/h。

2.6　试验结束后，拆除加荷装置，清除垫砂和 10cm 厚表土，然后取 2～3 个融化压实土样，用作含水率、密度及其他必要的试验。最后，应挖除其余融化压实土测量融化盘。

注：进行下一土层试验时，应刮除表面 5～10cm 土层。

六、试验结果计算

融沉系数、融化压缩系数应按下式计算：

$$a_0 = \frac{S_0}{H_0} \times 100 \tag{7.6}$$

$$a_{tc} = \frac{\Delta\delta}{\Delta p} K \tag{7.7}$$

$$\Delta\delta = \frac{S_{i+1} - S_i}{h_0} \tag{7.8}$$

式中　a_0——融沉系数；

$\quad\quad a_{tc}$——融化压缩系数；

$\quad\quad S_0$——冻土融沉（$p \approx 0$）阶段的沉降量，cm；

$\quad\quad H_0$——融化深度，cm；

$\quad\quad \Delta\delta$——相应于某一压力范围的相对沉降量；

$\quad\quad \Delta p$——压力增量值，kPa；

$\quad\quad S_i$——某一荷载作用下的沉降量；

$\quad\quad K$——系数：黏土为 1.0，粉质黏土为 1.2，砂土为 1.3，巨粒土为 1.35。

绘制相对沉降量与压力关系曲线，见图 7.4。

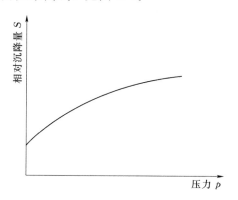

图 7.4　相对沉降量与压力关系曲线

七、记录表格

表 7.2　　　　　　　　　　　　现场冻土融化压缩试验记录表

土类：＿＿＿＿＿＿＿＿　　　　　　　　　　试坑深度：＿＿＿＿＿＿＿＿

冻结状态含水率：＿＿＿＿＿＿＿（％）　密度：＿＿＿＿＿＿＿（g/m³）

荷载/kPa	历时		变形/mm		荷载/kPa	历时		变形/mm	
	读数时间	累计/min	量表读数	变形量		读数时间	累计/min	量表读数	变形量

27

八、思考题

1. 什么是融沉系数？
2. 什么是融化压缩和融化压缩系数？
3. 现场原位冻土融化压缩试验的试验要求是什么？

试验八　单轴抗压强度试验

一、试验目的

冻土的单轴抗压强是冻土的主要力学性质指标之一，它表示冻土压缩破坏特征，对于冻土地基基础设计与施工参数的确定有着重要的作用。本次试验主要测定天然状态下试样的单轴抗压强度，了解冻土的应力-应变关系。

二、试验原理

冻土的单轴抗压强度即冻土在侧面不受任何限制的条件下承受的最大轴向压力，也称为无侧限抗压强度，一般由单轴抗压试验获得。单轴抗压试验是开展室内冻土力学性质研究最基本的研究方法。这一方法主要以试验机加载为手段，以对所获应力-应变曲线的分析为基础。

三、仪器设备

本试验所用的仪器设备为微控低温电子万能试验机（图 8.1），由微机控制系统、电子万能试验机和低温环境模拟箱组成，符合《土工试验方法标准》（GB/T 50123—1999）中"17.0.2 无侧限抗压强度试验仪器设备"的要求，可以进行常规和低温环境下的抗拉、抗弯、抗剪试验。

（a）实物图

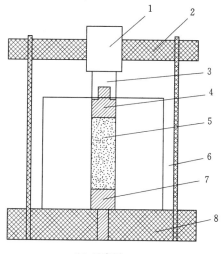

（b）示意图

图 8.1　微控低温电子万能试验机

1—作动器；2—可升降横梁；3—加载杆；4—上压头；5—试样；
6—试验箱；7—下压头；8—框架底座

轴向加压设备由高压油源、控制器、框架、可升降横梁、作动器、加载杆等部件组成。可控温试验箱可在轨道上滑动，能放置在框架底座上，加载杆伸进试验箱内，加载杆和试样之间必须增加一个上压头，上压头直径比试样略大，高度根据需要而定。下压头通过螺丝固定在试验机框架底座上，试样放置在下压头上。

四、基本要求

1. 试验必须在负温环境中进行。

2. 试验温度在 $-5 \sim -1℃$ 范围内，其波动度不得超过 $\pm 0.2℃$；试验温度在 $-5℃$ 以下，其波动度不得超过 $\pm 0.3℃$。

3. 只有一种试验温度时，应选择 $-10℃$。若有多种试验温度时，其中应有 $-10℃$。如有特殊要求，可另选试验温度。

4. 在负温下使用的仪表须按国家有关规定定期进行负温标定。测温元件在每次试验前须用国家二级标准以上温度计进行校核。

五、试验步骤

1. 制备原状或扰动土试样。

2. 将试样从模具中取出，在上、下端垫上试样帽，将橡皮膜用承膜筒套在试样外，并用橡皮圈将橡皮膜两端与试样帽分别扎紧。这里所用的试样帽必须是由导热不良的非金属材料（如环氧树脂）制成。

3. 将试样连橡皮膜一起，放入可控温的恒温箱内，设定较低的温度（如 $-25℃$），使试样快速冻结24h以上，然后调节恒温箱温度至所需的试验温度，使试样在设定温度下恒温24h以上。

4. 打开与试验箱连接的制冷控温系统，设定所需要的试验温度。

5. 待试验箱内的温度达到要求后，打开试验箱门，将试样从恒温箱内取出。快速地放到试验箱内的试样下压头上。

6. 开启轴向加压设备，采用位移控制方式使加载杆下降并接触试样。

7. 保持位移为零，使加载杆停留在与试样接触的位置。

8. 保持2h以上，使试样恒温。

9. 根据试验需求，设置试验方案和应力路径。

10. 根据应力路径的要求，编写控制程序。

11. 发送控制程序，施加轴向荷载。

12. 逐渐增加轴向荷载，直至试样破坏或者变形达到一定标准，结束试验。

六、试验结果计算

应变按下式计算：

$$\varepsilon_1 = \frac{\Delta h}{h_0} \tag{8.1}$$

式中　ε_1——轴向应变；

Δh——轴向变形，mm；

h_0——试验前试样高度，mm。

试样横截面积按下式作校正计算：

$$A_a = \frac{A_0}{1 - \varepsilon_1} \tag{8.2}$$

式中　A_a——校正后试样截面积，mm^2；

　　　A_0——试验前试样截面积，mm^2。

应力按下式计算：

$$\sigma = \frac{F}{A_a} \qquad (8.3)$$

式中　σ——轴向应力，MPa；

　　　F——轴向荷载，N。

以轴向应力为纵坐标，轴向应变为横坐标，绘制应力-应变曲线。取最大轴向应力作为冻土单轴抗压强度。

抗压强度灵敏度按下式计算：

$$S_t = \frac{\sigma_b}{\sigma_b'} \qquad (8.4)$$

式中　σ_b——原状人工冻土瞬时单轴抗压强度，MPa；

　　　σ_b'——重塑人工冻土瞬时单轴抗压强度，MPa。

七、记录表格

表 8.1 　　　　　　　　　　人工冻土单轴抗压强度试验记录表

试验前试样高度 $h_0 =$　mm 试验前试样直径 $D_0 =$　mm 试验前试样截面积 $A_0 =$　mm 试样重量 $W_0 =$　g 试样含水量 $W =$　% 试样密度 $r =$　g/mm³ 试验温度 $T =$　℃ 负温原状土单轴抗压强度 $\sigma_b =$　MPa 负温重塑土单轴抗压强度 $\sigma_b' =$　MPa 抗压强度灵敏度 $S_t =$	试样破坏情况：

轴向变形 Δh /mm	轴向应变 ε_1 /%	校正面积 A_a /mm²	轴向荷载 F /N	轴向应力 σ /MPa	加载时间 t /min
(1)	(2)	(3)	(4)	(5)	(6)
	$\frac{(1)}{h_0}$	$\frac{A_0}{1-(2)}$		$\frac{(4)}{(3)}$	

八、思考题

1. 什么是冻土单轴抗压强度？

2. 试验的基本要求是什么？

3. 掌握单轴抗压的应力-应变的关系。

试验九　三轴剪切强度试验

一、试验目的

冻土的破坏与常规未冻土破坏一样，通常都是剪切破坏。例如，冻土区斜坡的稳定、地基土受荷后的变形以及人工冻结壁的受力问题。所以，要解决工程实际问题，仅有单轴压缩强度的研究是不够的，它的应用也有一定局限性。因此，我们需要研究三向受载状态下的应力-应变行为以及强度准则。本试验的目的是掌握和了解冻土三轴剪切试验的方法，了解冻土在三轴剪切条件下的强度特征。

二、试样制备

采用负温原状土试样和负温重塑土试样。

1. 负温原状土试样的制备

1.1　在负温试验室内，小心开启原状土包装，辨别土样上下层次，用钢锯平行锯平土样两端。无特殊要求时，使试样轴向与自然沉积方向一致。用削土刀、切土盘和切土器将土块修整成形（规格：试样规格为 $\phi 10mm \times 200mm$。必须保证试样最小尺寸大于土样中最大颗粒粒径的 10 倍；精度：外形尺寸误差小于 1.0%，试样两端面平行度不得大于 0.5mm）。

1.2　制备过程中，细心观察土样的情况，并记录它的层位、颜色、有无杂质、土质是否均匀和有无裂缝等。

2. 负温重塑土试样的制备

2.1　在常温试验室内，小心开启土样密封层，去掉土样表皮，记录土样的颜色、土类、气味及夹杂物等，并选取有代表性土样进行天然含水量和密度的测定。

2.2　将土样切碎，在 105~110℃ 温度下恒温烘干，放入干燥器中冷却至室温。

2.3　将烘干、冷却的土样进行破碎（切勿破碎颗粒）。

2.4　根据土样天然含水量，对干土进行配水，并搅拌均匀，密封后放入保湿器内存放 24h 以上。

2.5　彻底清洗模具，并在模具内表面涂上一层凡士林，分次均匀将土样放入模具击实，要保证试样密度与天然密度在允许误差范围内。

2.6　将试样连同模具密封并在低于 -30℃ 温度下速冻 4~6h。

2.7　将试样在所需试验温度下脱模，并用修土刀修整（规格：试样规格为 $\phi 100mm \times 200mm$。必须保证试样最小尺寸大于土样中最大颗粒粒径的 10 倍；精度：外形尺寸误差小于 1.0%，试样两端面平行度不得大于 0.5mm）。

2.8　将制备好的低温重塑土试样贴上标签（标明来源、层位、重量、日期等），装入塑料袋内密封，置于试验所需温度下恒温存放，在 24~48h 内可用于试验。

2.9　试样数量：1 个（单试样分级加载）或 3~4 个（多试样分别加载）。

三、仪器设备

本试验所用的仪器为低温冻土三轴仪，包括制冷机、压力室、轴向加压设备、围压系统、反压力系统、孔隙水压力测量系统、位移传感器。

三轴压力室包括底座、筒壁、顶板、上盖（图9.1）。底座由导热不良、强度高的材料（如环氧树脂）制成，试样放置在底座上。筒壁是圆柱形的，分三层。内层由导热性能好的金属材料制成，中层由导热不良的非金属材料制成，内层和中层之间盘有耐低温管道，并与外部的制冷控温系统相连，外层由金属材料制成，中层和外层之间充填聚氨酯保温材料。顶板由金属材料制成，内部设有循环液流通槽道，并与外部的制冷控温系统相连。上盖外侧由金属材料制成，内侧由非金属材料制成，中间填充保温材料。常规三轴仪的压力室内充满水或空气，但由于水在负温下会冻结成冰，而空气和试样之间的热交换速度又比较慢，因此冻土三轴仪的压力室内充满95%酒精。酒精既作为施加围压的媒介，也作为热传导的媒介。

（a）实物图

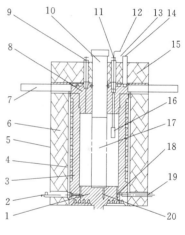
（b）示意图

图9.1　低温冻土三轴仪

1—底座；2—注油入口；3—筒壁内层；4—筒壁中层；5—筒壁外层；6—保温材料；7—扳杠；
8—顶板；9—排气阀；10—加载杆；11—温度传感器插孔；12—传感器接线；13—顶板
循环液入口；14—顶板冷却循环液出口；15—上盖；16—温度传感器；17—试样；
18—压力室循环液入口；19—压力室循环液出口；20—排水管

三轴压力室的筒壁、顶板分别与外部制冷控温系统相连，制冷控温系统由循环液储蓄槽、小型压缩机、加热丝、温控器组成，小型压缩机冷却循环液，加热丝加热循环液，循环液在储蓄槽和压力室的筒壁及顶板之间流动循环，和压力室的酒精进行热交换，使酒精降温，试样放置在酒精中，酒精与试样之间进行热交换，使试样温度降低并保持。

轴向加压设备由高压油源、控制器、框架、可升降横梁、作动器、加载杆组成。压力室放置在框架底座上，加载杆伸进压力室内。常规三轴仪上带的加载杆是由金属材料制成的，对于冻土三轴仪，为了减少压力室内外的热交换，必须在原来的加载杆下部增加一个上压头，上压头直径与试样一致，高度根据需要而定，且应由导热不良、强度高的材料制成。

四、基本要求

1. 试验必须在负温环境中进行。

2. 试验温度在$-5 \sim -1℃$范围内，其波动温度不得超过$\pm 0.2℃$；试验温度在$-5℃$以下，其波动度不得超过$\pm 0.3℃$。

3. 只有一种试验温度时，应选择$-10℃$。若有多种试验温度时，其中应有$-10℃$。如有特殊要求，可另选试验温度。

4. 在负温下使用的仪表须按国家有关规定定期进行负温标定。测温元件在每次试验前须用国家二级标准以上温度计进行校核。

五、试验步骤

1. 开启制冷机和温度控制开关，给压力室预降温。

2. 将试样快速放入压力室，并注满酒精。

3. 开启轴向加压设备，先将压力室升起，使得压力室活塞杆与轴向荷载传感器头接近接触。

4. 调节温度控制系统，将温度设定到所需要的试验温度，使试样恒温 2h 以上。

5. 施加围压。

6. 围压施加好后，此时应将"轴向荷载"传感器读数"清零"。

7. 保持围压不变，维持 2h，使试样内部结构更均匀。

8. 将位移传感器放在底板上，清零读数。

9. 此时，设置相应应变速率，可对试样进行应变控制剪切试验。

六、试验结果计算

1. 应变按下式计算：

$$\varepsilon_1 = \frac{\Delta h}{h_0} \times 100 \tag{9.1}$$

式中 ε_1——轴向总应变，%；

Δh——轴向变形，mm；

h_0——试验前试样高度，mm。

2. 试样横截面积按下式作校正计算：

$$A_a = \frac{A_0}{1 - \varepsilon_1} \tag{9.2}$$

式中 A_a——校正后试样截面积，mm^2；

A_0——试验前试样截面积，mm^2。

3. 应力按下式计算：

$$\sigma_1 = \frac{F}{A_a} \tag{9.3}$$

式中 σ_1——轴向总应力，MPa；

F——轴向荷载，N。

4. 轴向偏应力

轴向偏应力为：

$$\sigma_p = \sigma_1 - \sigma_3 \tag{9.4}$$

剪应力为：

$$\tau = \frac{\sigma_1 - \sigma_3}{2} \tag{9.5}$$

法向应力为：

$$\sigma_n = \frac{\sigma_1 + \sigma_3}{2} \tag{9.6}$$

式中 σ_3——围压，MPa。

5. 制图

5.1 绘制主应力差（$\sigma_1 - \sigma_3$）与应变关系曲线。

5.2 绘制应力莫尔圆，并作莫尔圆包络线。该包络线与各莫尔圆交点处切线的平均倾角为土的内摩擦角 φ，这些切线在纵轴上的平均截距为黏聚力 c。

七、记录表格

表 9.1 　　　　　　　　　　　人工冻土三轴剪切强度试验表

试验前试样高度 $h_0=$ 　 mm			试验后试样含水量 $W=$ 　 %			
试验前试样直径 $D_0=$ 　 mm			试验后试样密度 $r=$ 　 g/mm³			
试验前试样截面积 $A_0=$ 　 mm²			试件破坏情况：			
试样重量 $G=$ 　 g						
试验前试样含水量 $W_0=$ 　 %						
试验前试样密度 $r=$ 　 g/mm³						
试验温度 $T=$ 　 ℃						
围压 $\sigma=$ 　 MPa						
试验前试样体积 $V_0=$ 　 mm³						
轴向应变速率 $v=$ 　 %/min						
轴向变形 Δh /mm	轴向荷载 F /N	试样体积变化 ΔV/mm³	轴向应变 ε /%	试样实际面积 A_a/mm²	主应力差 $\sigma_1 - \sigma_3$	轴向主应力 σ_1 /MPa

八、思考题

1. 本试验的目的是什么？

2. 试验的基本要求是什么？

3. 掌握三轴剪切的应力-应变的关系。

试验十　单轴压缩蠕变试验

一、试验目的

由于冻土中赋存着冰包裹体，实际上任何数值的荷载都将冰的塑性流动和冰晶的重新定向，发生不可逆的结构再造作用，与此同时，冻土中未冻的黏滞水膜的存在，导致了冻土在很小的荷载下出现应力松弛和蠕变变形，即冻土的强度和变形随时间而变化。这就是冻土区别于其他固体和未冻土的主要特点。由于蠕变过程中可同时表现出弹性、黏性和塑性，所以说冻土的蠕变过程就是弹塑黏滞性变形的过程。

本试验通过对冻土的蠕变变形的单轴压缩试验，得到冻土在单轴压缩下的基本变形规律。

二、试样制备

采用负温原状土试样和负温重塑土试样。

1. 负温原状土试样的制备

1.1　在负温试验室内，小心开启原状土包装，辨别土样上下层次，用钢锯平行锯平土样两端。无特殊要求时，使试样轴向与自然沉积方向一致。用削土刀、切土盘和切土器将土块修整成形（规格：试样规格分别为 $\phi61.8mm \times 150mm$、$\phi50mm \times 100mm$ 和 $\phi100mm \times 200mm$。必须保证试样最小尺寸大于土样中最大颗粒粒径的 10 倍；精度：外形尺寸误差小于 1.0%，试样两端面平行度不得大于 0.5mm）。

1.2　制备过程中，细心观察土样的情况，并记录它的层位、颜色、有无杂质、土质是否均匀和有无裂缝等。

2. 负温重塑土试样的制备

2.1　在常温试验室内，小心开启土样密封层，去掉土样表皮，记录土样的颜色、土类、气味及夹杂物等，并选取有代表性土样进行天然含水量和密度的测定。

2.2　将土样切碎，在 105～110℃ 温度下恒温烘干，放入干燥器中冷却至室温。

2.3　将烘干、冷却的土样进行破碎（切勿破碎颗粒）。

2.4　根据土样天然含水量，对干土进行配水，并搅拌均匀，密封后放入保湿器内存放 24h 以上。

2.5　彻底清洗模具，并在模具内表面涂上一层凡士林，分次均匀将上样放入模具击实，要保证试样密度与天然密度在允许误差范围内。

2.6　将试样连同模具密封并在低于 −30℃ 温度下速冻 4～6h。

2.7　将试样在所需试验温度下脱模，并用修土刀修整（规格：试样规格分别为 $\phi61.8mm \times 150mm$、$\phi50mm \times 100mm$ 和 $\phi100mm \times 200mm$。必须保证试样最小尺寸大于土样中最大颗粒粒径的 10 倍；精度：外形尺寸误差小于 1.0%，试样两端面平行度不得大于 0.5mm）。

2.8 将制备好的低温重塑土试样贴上标签（标明来源、层位、重量、日期等），装入塑料袋内密封，置于所需试验温度下恒温存放，在 24～48h 内可用于试验。

2.9 试样数量：一种土 5 个（多试样单轴蠕变试验）或 2 个（单试样分级加载单轴蠕变试验），其中一个试样用于进行瞬时单轴抗压强度试验。

三、仪器设备

1. 单轴蠕变试验仪：轴压不小于 80kN，施加在试件上的恒应力波动度不得超过 ±10kPa。

2. 数据采集及处理装置：千分表、测力仪、位移计（量程 ±50mm，分值 0.01mm）等。时间-变形记录仪、绘图仪等。

3. 温度计（国家二级标准以上）、测温仪（−40～400℃，其精度为 0.2 级）。

4. 冷却及温控设备等。

5. 含水量、密度测试装置。

四、基本要求

1. 试验必须在负温环境中进行。

2. 试验温度在 −5～−1℃ 范围内，其波动度不得超过 ±0.2℃；试验温度在 −5℃ 以下，其波动度不得超过 ±0.3℃。

3. 只有一种试验温度时，应选择 −10℃。若有多种试验温度时，其中应有 −10℃。如有特殊要求，可另选试验温度。

4. 在负温下使用的仪表须按国家有关规定定期进行负温标定。测温元件在每次试验前须用国家二级标准以上温度计进行校核。

五、试验步骤

1. 多试样单轴压缩蠕变试验

1.1 核实试样的来源、编号、密度、含水量、温度等，并填入表 10.1 内，检查试验设备、仪表及测试系统等。

1.2 测量试样尺寸，对冻结后变形的试样进行修正（精度：外形尺寸误差小于 1.0%，试样两端面平行度不得大于 0.5mm），称其重量并记录。

1.3 按试验八用一个试样试验得到瞬时单轴抗压强度。

1.4 确定合适的蠕变加载系数并根据瞬时单轴抗压强度计算出逐级加载所需荷载，填入表 10.1 内。

1.5 将试样装在蠕变仪的上下加压头之间，并封好试样表面以防含水量变化。安装并连接好测力仪、位移计等。

1.6 对位移计、时间-变形记录仪等进行调零或设定起始点，记入表 10.1 内；启动加载系统，对测力仪进行调零，给试样迅速加载至所需荷载或应力值，将此刻的变形值（弹性变形）记入表 10.1 内，并随时记录时间、变形值。试验过程中试样所受应力应保持恒定（其波动度不得超过 10kPa）。

1.7 当试样变形已达稳定（$d\varepsilon/dt \leqslant 0.0005h^{-1}$，Ⅰ类蠕变）后 24h 以上或趋于破坏（Ⅱ类蠕变）时，测试结束。记下时间、变形终值。

1.8 卸去荷载，取出试样，描述其破坏情况。

1.9 若需获得蠕变曲线簇，可根据需要确定几个不同的蠕变加载系数 k_i。重复本试验 1.1、1.2 和 1.4～1.8 的步骤。蠕变加载系数 k_i 按 0.3、0.4、0.5 和 0.7 取值。对于需超过 100h 的蠕变试验，k_i 按 0.1、0.2、0.3 和 0.5 取值。

2. 单试样分级加载单轴蠕变试验

2.1 根据需要确定各级加载的蠕变加载系数 k_i，取值同本试验 1.9 的步骤。

2.2 取最小一级蠕变加载系数，按本试验 1.1～1.6 的步骤进行。

2.3 测试进行到变形已达稳定（$d\varepsilon/dt \leqslant 0.0005h^{-1}$，Ⅰ类蠕变）或变形速率趋于常数（$|d^2\varepsilon/dt^2|$ 不大于 $0.0005h^{-2}$，Ⅱ类蠕变）超过 24h（但不超过 48h）时，一级蠕变结束。

2.4 依次取不同的蠕变加载系数，计算出所需荷载值，重复本试验 1.6 和 2.3 的步骤。

2.5 当某一级的测试进入第三阶段时，不能再进行下一级的加载，可将此级蠕变进行到试样破坏为止。

2.6 按本试验 1.8 的步骤进行。

六、试验结果计算

1. 应变计算

1.1 轴向应变计算

$$\varepsilon_h = \frac{\Delta h}{h_0} \tag{10.1}$$

$$\varepsilon_c = \varepsilon_h - \varepsilon_e \tag{10.2}$$

式中 ε_h——轴向总应变；

Δh——试样轴向变形，mm；

h_0——试验前试样高度，mm；

ε_c——蠕变应变；

ε_e——弹性应变（加载过程瞬时应变）。

1.2 径向应变计算

$$\varepsilon_d = \frac{\Delta D}{D_0} \tag{10.3}$$

式中 ε_d——径向应变；

ΔD——试样直径平均变化量，mm；

D_0——试验前试样平均直径，mm。

2 应力、荷载计算

2.1 应力计算

$$\sigma_i = \frac{k_i}{\sigma_b} \tag{10.4}$$

式中 σ_i——第 i 级加载时试样所受应力，MPa；

k_i——第 i 级蠕变加载系数；

σ_b——瞬时单轴抗压强度，MPa。

2.2 荷载计算

$$P_i = \sigma_i A_i \tag{10.5}$$

式中 P_i——第 i 级所加荷载值，N；

A_i——试样在加第 i 级荷载时的横截面积，mm^2。

3 单轴压缩蠕变数学模型及蠕变参数

根据试验数据建立相应的蠕变数学模型：

$$\varepsilon_c = f(T, \sigma_i, t) \tag{10.6}$$

式中 T——试验温度，℃；

t——蠕变时间，h。

计算出对应的蠕变参数，绘出蠕变曲线。

七、记录表格

表 10.1   人工冻土单轴压缩蠕变试验表

试验前试样高度 $h_0 =$ mm 试验前试样直径 $D_0 =$ mm 试验前试样截面积 $A_0 =$ mm^2 试样重量 $W_0 =$ g 试样含水量 $W =$ % 试样密度 $r =$ g/mm^3 试验温度 $T =$ ℃ 单轴抗压强度 $\sigma_b =$ MPa			试样破坏情况：			
蠕变加载系数	应力取值 /MPa	弹性变形 /mm	变形始值 /mm	变形终值 /mm	起始时间	终止时间

八、思考题

1. 蠕变变形发生的原因是什么？

2. 单轴压缩蠕变试验的步骤有哪些？

3. 绘制单轴压缩蠕变曲线。

试验十一 三轴剪切蠕变试验

一、试验目的

掌握冻土三轴剪切蠕变试验的试验方法，绘制蠕变曲线和长期强度曲线，了解蠕变变形过程。

二、试样制备

采用负温原状土试样和负温重塑土试样。

1. 负温原状土试样的制备

1.1 在负温试验室内，小心开启原状土包装，辨别土样上下层次，用钢锯平行锯平土样两端。无特殊要求时，使试样轴向与自然沉积方向一致。用削土刀、切土盘和切土器将土块修整成形（规格：试样规格分别为 $\phi61.8mm \times 150mm$、$\phi50mm \times 100mm$ 和 $\phi100mm \times 200mm$。必须保证试样最小尺寸大于土样中最大颗粒粒径的 10 倍；精度：外形尺寸误差小于 1.0%，试样两端面平行度不得大于 0.5mm）。

1.2 制备过程中，细心观察土样的情况，并记录它的层位、颜色、有无杂质、土质是否均匀和有无裂缝等。

2. 负温重塑土试样的制备

2.1 在常温试验室内，小心开启土样密封层，去掉土样表皮，记录土样的颜色、土类、气味及夹杂物等，并选取有代表性土样进行天然含水量和密度的测定。

2.2 将土样切碎，在 105～110℃温度下恒温烘干，放入干燥器中冷却至室温。

2.3 将烘干、冷却的土样进行破碎（切勿破碎颗粒）。

2.4 根据土样天然含水量，对干土进行配水，并搅拌均匀，密封后放入保湿器内存放 24h 以上。

2.5 彻底清洗模具，并在模具内表面涂上一层凡士林，分次均匀将土样放入模具击实，要保证试样密度与天然密度在允许误差范围内。

2.6 将试样连同模具密封并在低于－30℃温度下速冻 4～6h。

2.7 将试样在所需试验温度下脱模，并用修土刀修整（规格：试样规格分别为 $\phi61.8mm \times 150mm$、$\phi50mm \times 100mm$ 和 $\phi100mm \times 200mm$。必须保证试样最小尺寸大于土样中最大颗粒粒径的 10 倍；精度：外形尺寸误差小于 1.0%，试样两端面平行度不得大于 0.5mm）。

2.8 将制备好的低温重塑土试样贴上标签（标明来源、层位、重量、日期等），装入塑料袋内密封，置于所需试验温度下恒温存放，在 24～48h 内可用于试验。

2.9 试样数量：5 个（多试样三轴蠕变），或 2 个（单试样分级加载三轴蠕变），其中一个试样用于进行三轴剪切强度试验。

三、仪器设备

1. 低温三轴蠕变试验仪：最大轴向荷载 200kN，围压 6MPa（适用于土层埋深小于 300m）或 12MPa（适用于土层埋深小于 700m），波动度不超过 10kPa。

2. 千分表、测力仪、位移计（量程 ±50mm，分值 ±0.01mm）、时间-变形记录仪、绘图仪等。

3. 温度计（国家二级标准以上）、测温仪（−40～40℃，其精度为 0.2 级）。

4. 冷却及温控设备等。

5. 含水量、密度测试装置等。

四、基本要求

1. 试验必须在负温环境中进行。

2. 试验温度在 −5～−1℃ 范围内，其波动度不得超过 ±0.2℃；试验温度在 −5℃ 以下，其波动度不得超过 ±0.3℃。

3. 只有一种试验温度时，应选择 −10℃。若有多种试验温度时，其中应有 −10℃。如有特殊要求，可另选试验温度。

4. 在负温下使用的仪表须按国家有关规定定期进行负温标定。测温元件在每次试验前须用国家二级标准以上温度计进行校核。

五、试验步骤

1. 多试样分别加载三轴压缩蠕变试验

1.1 核实试样的来源、编号、容重、含水量、温度等，并填入表 11.1 内，检查试验设备、仪表及测试系统等。

1.2 测量试样尺寸，对冻结后变形的试样按规定要求进行修正，同时称重并记录。

1.3 按试验九用一个试样试验得到瞬时三轴剪切强度。

1.4 确定合适的蠕变加载系数 k_i，并根据瞬时三轴剪切试验结果计算出所需轴向荷载和围压，填入表 11.1 内。

1.5 用乳胶模密封试样，放入上下压头之间，安装并连接好测力仪、位移计和时间-变形记录仪等。

1.6 施加围压、使试样在规定围压下固结 4～6h。

1.7 对测力仪、位移计、时间-变形记录仪等调零或设定起始点。在恒定围压下给试样迅速加载至所需荷载或应力值，同时记录时间、变形等，并将它们的起始值填入表 11.1 内，试验过程中试样所受应力应保持稳定，波动度不得超过 ±10kPa。

1.8 当试样变形已稳定（$d\varepsilon/dt \leqslant 0.0005h^{-1}$，Ⅰ类蠕变）24h 以上或已破坏（Ⅱ类蠕变）时，测试结束。将结束时的时间和变形记入表 11.1 内。

1.9 卸去荷载，取出试样，描述其破坏情况，填入表 11.1 内。

1.10 若需获得蠕变曲线簇，可根据需要确定几个不同的应力系数 k_i，重复本试验 1.1、1.2 和 1.4～1.9 的步骤。

2. 单试样分级加载三轴压缩蠕变试验

2.1 确定各级蠕变加载系数 k_i，按试验十第 1.9 步骤的规定取值。

2.2 取最小一级蠕变加载系数，按本试验 1.1～1.7 规定的步骤进行。

2.3　测试进行到变形已达稳定（$d\varepsilon/dt \leqslant 0.0005h^{-1}$，Ⅰ类蠕变）或变形速率趋于常数（$|d^2\varepsilon/dt^2| \leqslant 0.0005h^{-2}$，Ⅱ类蠕变）24h 以上（不超过 48h），一级蠕变结束。

2.4　依次取不同的蠕变加载系数 k_i，计算出所需荷载值，重复本试验 1.7 和 2.3 的步骤。

2.5　当某一级的测试进入第三阶段时，不能再进行下一级的加载，可将此级蠕变进行到试样破坏为止。

2.6　按本试验 1.9 的步骤进行。

六、试验结果计算

1. 应变计算

1.1　轴向应变计算

$$\varepsilon_1 = \frac{\Delta h}{h_0} \tag{11.1}$$

$$\varepsilon_{1c} = \varepsilon_1 - \varepsilon_e \tag{11.2}$$

式中　ε_1——试样轴向总应变，从对应于蠕变开始时计算；

Δh——试样轴向变形量，mm；

h_0——试验前试样轴向长度，mm；

ε_{1c}——试样轴向蠕变应变；

ε_e——弹性应变（加载过程中瞬时应变）。

1.2　径向应变计算

$$\varepsilon_3 = \frac{\Delta D}{D_0} \tag{11.3}$$

$$\varepsilon_{3c} = \varepsilon_3 - \varepsilon_{3e} \tag{11.4}$$

式中　ε_3——试样总平均径向应变；

ΔD——试样直径平均变化量，mm；

D_0——试验前试样平均直径，mm；

ε_{3c}——试样平均径向蠕变应变（从对应的轴向蠕变应变开始时刻计）；

ε_{3e}——试样加恒定蠕变应力后平均瞬时径向应变（与对应的瞬时轴向应变时间段一致）。

1.3　剪应变强度计算

对于轴对称三轴剪切：

$$r_c = \frac{2(\varepsilon_{1c} - \varepsilon_{3c})}{\sqrt{3}} \tag{11.5}$$

式中　r_c——剪应力强度。

当忽略试样体积变化时：

$$r_c = \sqrt{3}\varepsilon_{1c} \tag{11.6}$$

2. 应力计算

2.1　剪应力强度计算

对于轴对称三轴剪切：

$$\tau = \frac{\sigma_1 - \sigma_3}{\sqrt{3}} \tag{11.7}$$

式中 τ——剪应力强度，MPa；

σ_1——轴向主应力，MPa；

σ_3——径向主应力，MPa。

2.2 剪应力强度取值

$$\tau_i = k_i \tau_b \tag{11.8}$$

式中 τ_i——第 i 级蠕变剪应力强度取值，MPa；

k_i——加载系数；

τ_b——试样瞬时剪应力强度，MPa。

3. 蠕变数学模型

根据三轴剪切蠕变数据，建立相应的蠕变数学模型：

$$r_c = f(T, \tau, t) \tag{11.9}$$

式中 T——试验温度，℃；

t——蠕变时间，h。

求出对应的蠕变参数，绘出三轴剪切蠕变曲线。

七、记录表格

表 11.1 人工冻土三轴压缩蠕变试验表

试验前试样高度 $h_0=$　　mm	试样破坏情况：				
试验前试样直径 $D_0=$　　mm					
试验前试样截面积 $A_0=$　　mm²					
试样重量 $W_0=$　　g					
试样含水量 $W=$　　%					
试样密度 $r=$　　g/mm³					
试验温度 $T=$　　℃					
围压 $\sigma=$　　MPa					
瞬时剪应力强度 $\tau=$　　MPa					

蠕变加载系数	轴向荷载 /N	弹性变形 /mm	变形始值 /mm	变形终值 /mm	起始时间	终止时间

八、思考题

1. 本试验的目的是什么？

2. 掌握三轴剪切蠕变试验的步骤。

3. 分析三轴剪切蠕变的变形和强度变化规律。

试验十二　冻　土　模　型　试　验

一、试验目的

冻土作为一种特殊的岩土，其形成受气候、地质构造以及地形的不同等诸多因素的影响。从热物理学的角度分析，认为其形成和发展是岩石圈-土壤-大气圈能量交换作用的结果。随着寒区工程建设的日益发展和对冻土探究的逐步加深，冻融循环作用始终被认为是影响工程安全稳定主要因素。由于冻土在冻融过程中存在水分、热量迁移和冻融相变，其物理化学变化较为复杂且原状土取材较为复杂，为探究冻融作用的影响，模型试验广泛被应用在岩土领域的各个方面。模型试验可以根据具体的研究对象，按照相似理论将原型放大或缩小，人为控制和改变试验外界条件，可以避开数学以及力学难题并最后推广到具体的实物，使无法实现或复杂的试验研究对象变为可能。

二、试验原理

在无约束条件下，冻融模型试验所满足的相似条件是：

$$\frac{\lambda T t}{q l^2} \quad \text{和} \quad \frac{D \theta_t}{\Delta \theta l^2}$$

两个相似准则为不变量。式中 λ 为土壤的导热系数，T 为土壤温度，t 为时间，l 为几何尺寸，q 为相变潜热，D 为土中水分扩散系数，q 为单位体积含水量，$\Delta\theta$ 为单位体积迁移含水量。为了进一步进行工程建筑物与地基土的相互作用及工程稳定性的研究，在上面结论的基础上，运用相似理论，从量纲分析法和方程分析法两种角度出发，推导出在无荷载作用下冻土模型试验所遵循的相似条件，并以此为条件提出了冻融沉降模拟试验的具体实施方法。

根据热传导理论，对于二维、均质、各向同性瞬态温度场问题，冻土体热状况可用带有相变的热传导方程来描述，冻土体满足的控制微分方程（范定方程）如下。

（1）在融区内

$$a^+\left(\frac{\partial^2 T^+}{\partial x^2}+\frac{\partial^2 T^+}{\partial y^2}\right)=\frac{\partial T^+}{\partial t}, \quad h_0<y<h(x,t) \tag{12.1}$$

（2）在冻区内

$$a^-\left(\frac{\partial^2 T^-}{\partial x^2}+\frac{\partial^2 T^-}{\partial y^2}\right)=\frac{\partial T^-}{\partial t}, \quad h(x,t)<y<h_c \tag{12.2}$$

（3）边界条件

$$T^+\big|_{y=h_0}=\varphi^+(x,y) \tag{12.3}$$

$$T^-\big|_{y=h_c}=T_c \tag{12.4}$$

$$\frac{\partial T}{\partial x}\bigg|_{x\to\pm\infty}=0 \tag{12.5}$$

（4）衔接条件

$$T^+ = T^- = T^* \tag{12.6}$$

$$\lambda^- \left(\frac{\partial T^-}{\partial y} - \frac{\partial T^-}{\partial x} \frac{\partial h}{\partial x} \right) - \lambda^+ \left(\frac{\partial T^+}{\partial y} - \frac{\partial T^+}{\partial x} \frac{\partial h}{\partial x} \right) = Q \frac{\partial h}{\partial t} \tag{12.7}$$

（5）初始条件

$$T^-_{\tau=0} = \varphi^-(x, y) = T_0 \tag{12.8}$$

其中
$$a^+ = \frac{\lambda^+}{cp}; \quad a^- = \frac{\lambda^-}{cp}$$

式中　　　　T^*——相变温度；

x，y，t（时间）——自变量；

T^+，T^-——融土、冻土温度；

a^+，a^-——融土、冻土导温系数；

λ^+，λ^-——融土、冻土导热系数；

$h(x, t)$——融化深度；

Q——单位体积水的潜热；

h_0——融土区的上界；

h_c——冻土区的下界。

应用积分类比法推导出温度场的两个相似准则，即

$$\pi_1 = \frac{l^2}{at}, \quad \pi_2 = \frac{Ql^2}{\lambda Tt} \tag{12.9}$$

根据相似理论，通过进一步分析如下：

$$(\pi_1)_p = (\pi_1)_m, \quad (\pi_2)_p = (\pi_2)_m$$

$$\frac{(\pi_1)_p}{(\pi_1)_m} = 1, \quad \frac{(\pi_2)_p}{(\pi_2)_m} = 1$$

$$c_l = \frac{l_p}{l_m}, \quad c_a = \frac{a_p}{a_m}, \quad c_t = \frac{t_p}{t_m}$$

$$c_Q = \frac{Q_p}{Q_m}, \quad c_\lambda = \frac{\lambda_p}{\lambda_m}, \quad c_T = \frac{T_p}{T_m}$$

$$\frac{(\pi_1)_p}{(\pi_1)_m} = \frac{l_p^2 / a_p t_p}{l_m^2 / a_m t_m} = \frac{(l_p/l_m)^2}{(a_p/a_m)(t_p/t_m)} = \frac{c_l^2}{c_a c_t} = 1$$

$$\frac{(\pi_2)_p}{(\pi_2)_m} = \frac{Q_p l_p^2 / \lambda_p T_p t_p}{Q_m l_m^2 / \lambda_m T_m t_m} = \frac{(Q_p/Q_m)(l_p/l_m)^2}{(\lambda_p/\lambda_m)(T_p/T_m)(t_p/t_m)} = \frac{c_Q c_l^2}{c_\lambda c_T c_t} = 1$$

通过以上分析得到相似判据如下：

$$\frac{c_l^2}{c_a c_t} = 1, \quad \frac{c_Q c_l^2}{c_\lambda c_T c_t} = 1 \tag{12.10}$$

式中　c——相似常数；

l——几何尺寸；

a——导温系数；

λ——导热系数；

T——温度；

t——时间。

从中可以看出在 6 个相似常数中 4 个相似常数可以任意选定（基本常数），2 个由相似准则导出。

由于冻深值与外界温度建立直接联系而忽略了太阳辐射值的影响，室内环境模拟试验在以时间比尺和几何比尺作为判据进行模型试验的基础上，提出"实验室修正系数 K"和"冻结指数相似比 C_I"，通过 C_I 值和 K 值来补偿地表能量平衡方程中太阳辐射对模型试验的影响。

工程实际和相关气象资料表明，标准冻深和冻结指数有直接关系。当冻深资料系列少于 10 年时，可以根据气温资料计算多年冻结指数平均值，求得标准冻深。其交互影响可用下式表示为：

$$H = \beta \sqrt{I_0} \tag{12.11}$$

式中　H——工程所在地的标准冻深，cm；

　　　I_0——多年冻结指数平均值，℃·d；

　　　β——一个多因素的函数。

根据各比尺之间的关系和野外实际冻结指数 I，分别求出所对应的 β、K 和 C_I。其中，K 为实验室修正系数，C_I 为冻结指数相似比，β_p、I_p、H_p 表示经比尺简化后的室内试验所对应的参数。

$$K = \frac{\beta_p}{\beta}$$

$$C_I = \frac{I_p}{I}$$

由此，推导出两者之间的相关表达式为：

$$\frac{H_p}{H} = \frac{1}{C_L} = K \sqrt{\frac{I}{I_p}}$$

$$C_I = \frac{1}{C_L^2 K^2}$$

$$C_I = \frac{1}{K^2 C_t^2}$$

根据预定模型的模拟冻深值和实际气象资料，确定实验室修正系数 K 值和冻结指数相似比 C_I 值，制定模型试验降温制度，以此来提高模型和真实气象条件的吻合度，减少在试验模拟过程中复杂、多变条件的不利影响。

三、仪器设备

1. 低温环境模拟试验箱（图 12.1）：试验箱有效容积应能足够布置相应比尺模型；试验室温度控制范围：−40～40℃；温度波动值±0.5℃；环境温度控制采用顶排风翅管式冷凝器和电加热结构；底板利用循环热交换方式控温，可模拟不同地下水位的地下水补给，实现冻土"单向冻结，双向融化"过程。制冷系统见图 12.2。

2. 数据采集系统（图 12.3）：温度采集精度和传感器精度均为±0.1℃。

图 12.1 低温环境模拟试验箱

图 12.2 制冷系统

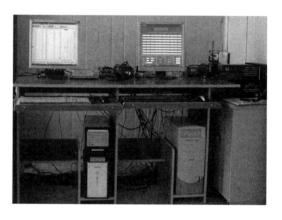

图 12.3 数据采集系统

四、基本要求

1. 冻土模型试验须根据工程实际工况提前制定试验方案，确定几何比尺，选定试验材料，制定降温制度。

2. 试验温度波动度一般不超过±0.5℃，根据工程实际要求确定。

3. 在负温下使用的仪表须按国家有关规定定期进行负温标定。测温元件在每次实验前须用国家二级标准以上温度计进行校核。

五、试验步骤

1. 试验准备

（1）土料的准备

①土在室温条件下自然风干；粉碎、过筛，使土团筛出。

②测定土的初始含水量，平行测试，取其平均值；按照填土数量和试验填土所需含水量计算配水量，将其均匀洒于土中，边洒边拌，直至土中含水量接近最优含水量，且分布均匀。

③拌匀的土样堆于实验室内，覆盖塑料袋密封保湿 24h，使土中水分充分混合均匀

备用。

④填土前再次测定土中含水量，保证每层填土的干密度控制在设计值。

（2）试验仪器的准备

施工之前，所有的仪器都应该进行校准，位移传感器使用标准块规校准，温度传感器进行修正标定，保证测试精度要求。

2. 模型制作

模型制作严格按照现场施工操作顺序进行。回填土全部采用预先备好的土样。从下至上，用分层体积和土料湿重来控制干容重，全部按设计干密度控制压实度，采用人工击实法分层装土，各分层的击实厚度为5～10cm。试验前，根据需要对模型采用灌水补水方法进行饱和。土体饱和后排水至水位达到固脚顶面为止，保证渠底无水。

3. 试验过程

调节试验室温度，待土体温度达到预定温度时正式开始试验，并按降温制度控制试验温度，开启数据采集系统记录数据。

六、试验结果分析

根据试验方案处理数据，分析总结，得出试验结论。

参 考 文 献

［1］ 童长江，管枫年. 土的冻胀与建筑物冻害防治 ［M］. 北京：水利电力出版社，1985.

［2］ GB/T 50123—1999 土工试验方法标准 ［S］.

［3］ MTT 593.1—1996 人工冻土物理力学性能试验 第1部分 人工冻土试验取样及试样制备方法.

［4］ MTT 593.2—1996 人工冻土物理力学性能试验 第2部分 土壤冻胀试验方法.

［5］ MTT 593.4—1996 人工冻土物理力学性能试验 第4部分 人工冻土单轴抗压强度试验方法.

［6］ MTT 593.5—1996 人工冻土物理力学性能试验 第5部分 人工冻土三轴剪切强度试验方法.

［7］ MTT 593.6—1996 人工冻土物理力学性能试验 第6部分 人工冻土单轴压缩蠕变试验方法.

［8］ MTT 593.7—1996 人工冻土物理力学性能试验 第7部分 人工冻土三轴剪切蠕变试验方法.

［9］ 马巍，王大雁. 冻土力学 ［M］. 北京：科学出版社，2014.

［10］ 朱林楠，李东庆，郭兴民. 无外荷载作用下冻土模型试验的相似分析 ［J］. 冰川冻土，1993 (1)：166－169.

［11］ 汪恩良，刘兴超，常俊德. 静冰力学模型试验的相似比尺问题探讨 ［J］. 冰川冻土，2015 (2)：417－421.